New Decorated Home

新饰家丛书

时尚居室

霍 衍 编著

辽宁美术出版社

图书在版编目（ＣＩＰ）数据

新饰家丛书. 时尚居室 / 霍衍编著. —— 沈阳：辽宁
美术出版社，2014.5
ISBN 978-7-5314-6038-1

Ⅰ. ①新… Ⅱ. ①霍… Ⅲ. ①住宅-室内装修-建筑
设计-图集 Ⅳ.① TU767-64

中国版本图书馆CIP数据核字(2014)第085308号

出 版 者：辽宁美术出版社
地　　址：沈阳市和平区民族北街29号　邮编：110001
发 行 者：辽宁美术出版社
印 刷 者：沈阳市博益印刷有限公司
开　　本：889mm×1194mm　1/16
印　　张：3
字　　数：10千字
出版时间：2014年5月第1版
印刷时间：2014年5月第1次印刷
责任编辑：彭伟哲　光　辉
封面设计：范文南　洪小冬
版式设计：彭伟哲
技术编辑：鲁　浪
责任校对：李　昂
ISBN 978-7-5314-6038-1
定　　价：25.00元

邮购部电话：024-83833008
E-mail:lnmscbs@163.com
http://www.lnmscbs.com
图书如有印装质量问题请与出版部联系调换
出版部电话：024-23835227

一品装饰设计
YI PIN ZHUANG SHI SHE

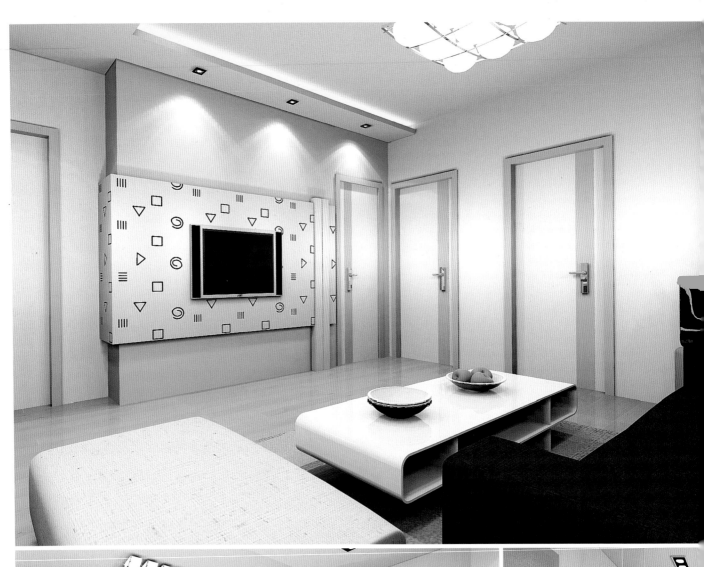

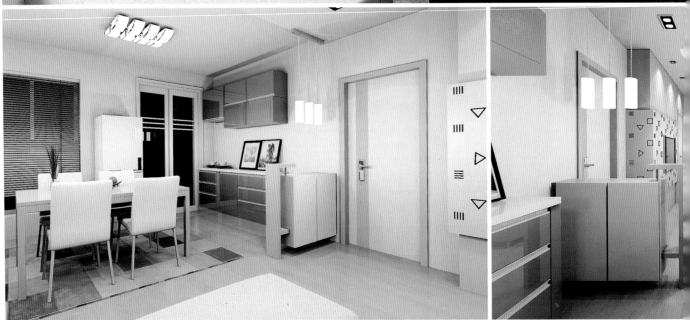